Instruction particulière pour le *Couvoir*, nouveau système,
Par H. BIR.

Il faut mettre dans le fond du tiroir la boîte pleine d'eau qui est percée par dessous, puis 2 à 3 centimètres d'épaisseur de foin et le thermomètre, c'est lui qui guide la couvense. Deux jours après, lorsque la chaleur est bien réglée de 37 à 38 dégrés, on y met les œufs, le thermomètre par dessous et au centre; on n'a pas égard au réfroidissement jusqu'au lendemain, le dégré reviendra quand la masse sera échauffée. Pour conserver plus régulièrement la chaleur dans le tiroir, il faut mettre, sur le dessous de l'appareil, 5 centimètres d'épaisseur de scure de bois et si l'on voulait y mettre des œufs, ce ne serait que pour les échauffer provisoirement et les préparer à entrer dans le Couvoir.

Le dessous de l'appareil sert à élever les poulets et le dessous à les faire éclore. On met dans ce dessous du foin sur lequel les jeunes élèves se promènent, puis à manger et enfin à boire à un bout; à l'autre un pupitre garni en dessous avec une peau d'agneau ou de lapin; pour qu'ils puissent s'y coucher et se frotter le dos, ce qui remplace fort bien la mère.

Pendant l'incubation, mettez une grosse couverture sur le couvercle qui a un double vitrage. Jusqu'au 5e jour un trou d'air suffit; à ce moment on retire le couvercle percé qui est sur le gros tube d'air. Au 8e jour 2 trous d'air, 3 jusqu'au 12e, 4 jusqu'au 16e et le 5e jusqu'à la fin pour que les poussins respirent plus facilement. Le 5e jour, on retire le bouchon du tuyau de gauche au dessous du tiroir, on laisse tomber environ 2 litres d'eau dans un vase (ce qui se fait tous les 4 jours) ensuite on rebouche le dit tuyau avec le tube recourbé, en introduisant le petit bout dessous la couverture par le trou au centre au dessous du tiroir, et le gros bout dans le tuyau: Avant de le mettre, il faut aspirer fortement afin de s'assurer qu'il n'est pas bouché. On remet l'eau qui vient d'être tirée dans le réservoir par le tube de dessous qui est à droite; on laisse les dits tubes débouchés. Si l'humidité venait en trop grande abondance sur la couverture qui est sous le réservoir dans l'intérieur du tiroir, il faudrait retirer le tube recourbé et remettre le bouchon au tuyau de gauche. Lorsque ce trop d'humidité sera diminué, on remettra de nouveau la tube pour redonner encore de nouvelle humidité, ce que l'on peut faire le soir une heure avant de se coucher, et aussi on baissera un peu la lampe afin de ne pas avoir plus de dégrés de chaleur dans la nuit. Au Couvoir No 3 on change la lampe de coulisse matin et soir. Pour ne pas se donner la peine d'ouvrir le tiroir pour regarder si le dégré de chaleur est bien, on met un long thermomètre dans le tube de dessous à droite, on voit à quel dégré il est quand celui de dedans le tiroir est à 38 degrés, on met un fil noir autour du long thermomètre pour marquer la température de l'eau, alors en allant et venant l'on voit son dégré sans rien toucher.

Puis, avec de l'habitude et de l'expérience, on parvient très-bien à se perfectionner et à faire fonctionner son Couvoir.

Nota. Dans l'hiver, on peut y mettre de la terre sur la scure, y semer des graines pour avoir des fleurs, ce qui ne nuit en rien à l'incubation.

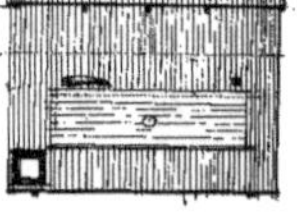

Couvoir. No 1
vue de face

Ayant 38 cent. de long 32 de large et 30 de hauteur. Il contient 15 œufs dans le tiroir et 25 sur le dessous. Total, 40.

Intérieur du tiroir No 2

Intérieur du tiroir où se mettent les œufs qui sont dessus la boîte percée et le foin. Le thermomètre sur les œufs est au centre.

Cou[…]
même Mod[…]

Ayant 45 cent[…] et 50 de hauteur. […] dans le tiroir et […] Total. 70.

Nota En g[…] se servent à é[…]

Imp. Lith. Daros Père du Caire 115 Para

PROCÉDÉS

ET

RÉSULTATS D'EXPÉRIENCES CURIEUSES,

CONSISTANT DANS LA MANIÈRE

DE FAIRE ÉCLORE DES OEUFS

AU MOYEN

DE LA CHALEUR ARTIFICIELLE,

A la portée de tout le monde et pour l'amusement de tous les instans;

PAR H. BIR,

PROPRIÉTAIRE.

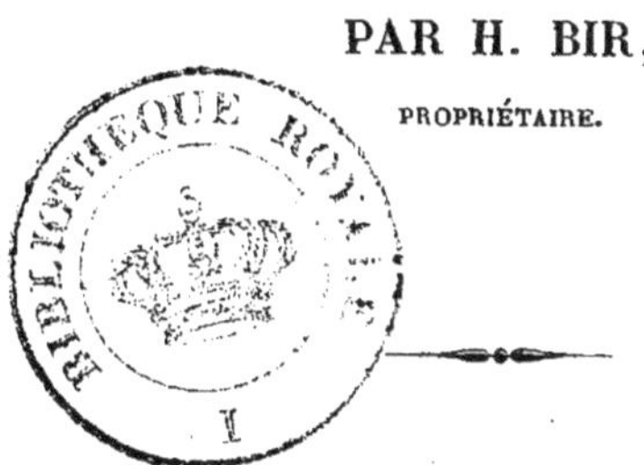

A COURBEVOIE, PRÈS PARIS,

CHEZ L'AUTEUR.

1844.

1845

INCUBATION ARTIFICIELLE

OU

ART DE FAIRE ÉCLORE DES OEUFS

PAR LE MOYEN DE LA CHALEUR.

On sait que les Égyptiens possédaient le secret de faire éclore une quantité prodigieuse d'œufs de toutes espèces dans des fours chauffés à un certain degré.

Après plusieurs années d'études et d'expériences, je suis enfin parvenu à obtenir un procédé équivalent au leur, et dont le résultat est infaillible. Jaloux de contribuer au bien-être de mon pays, je mets au jour ma méthode et mes observations, persuadé qu'elles seront très-utiles à un grand nombre de personnes auxquelles elles procureront un accroissement de produits et des délassemens instructifs et amusans.

Après des essais nombreux, je me suis arrêté au procédé qui m'a paru le plus simple, le plus sûr et le moins dispendieux ; avec lui chacun peut obtenir, comme moi, des poulets tous les vingt-un jours ; et la solution de ce problème présente, outre son utilité, une série de récréations des plus intéressantes.

Pour plus de clarté, j'ai cru devoir diviser mon recueil en quatre chapitres : dans le premier, j'indique la manière d'établir les couvoirs; dans le second, le moyen de s'en servir avec succès; dans le troisième, je donne le détail entier et curieux des opérations d'une couvée; le quatrième traite de la naissance des poulets.

CHAPITRE Ier.

Manière d'établir le couvoir.

Je construis une boîte en chêne ou en bois quelconque de 50 centimètres de long sur 32 centimètres de large, ayant un ou deux tiroirs à volonté, où est adapté un foyer qui n'est qu'une veilleuse, dépensant 4 centimes d'huile en vingt-quatre heures. Je fais également des couvoirs à un seul tiroir de 35 centimètres de long sur 26 de large.

Le dessus se compose de deux carreaux de vitre superposés et distans, l'un de l'autre, d'un centimètre, afin que la couche d'air intermédiaire transmette moins facilement au dehors la température intérieure, afin que l'on puisse voir les œufs et la sortie des poussins.

Cette boîte en contient une autre en zinc, à doubles parois, avec un certain intervalle entre elles. Le fond des deux boîtes est également séparé par un espace de 7 centimètres, où sont placés les tiroirs destinés aux veilleuses. Un serpentin, partant de chaque tiroir, reçoit, au moyen d'un entonnoir, la chaleur des veilleuses, va réchauffer l'eau contenue dans les doubles parois de la boîte de zinc, et entretient à l'intérieur une chaleur régulière et uniforme.

Si la température dépasse le degré voulu, l'eau en

se dilatant soulève le bouchon d'un tuyau ; à ce bouchon est adapté un levier qui soulève une soupape et laisse entrer l'air froid dans l'intérieur de la boîte ; mais la température est à peine descendue à 40 degrés centigrades, ou 32 degrés Réaumur, que [la soupape retombe.

C'est un moyen certain de maintenir la température au degré convenable, et le seul praticable : car quelque attention que l'on apporte à bien régler la chaleur, on ne saurait y parvenir avec précision, la température de l'air pouvant varier, dans la même journée, de 3, 4 et même 6 degrés, et augmenter d'autant la chaleur dans les couvoirs.

J'ai confectionné une autre boîte munie d'un ventilateur à l'intérieur, mu par un moulin à eau placé à l'extérieur. Dès que l'eau du réservoir est trop chaude (ce qui procure un degré de chaleur de plus de 40 degrés à l'intérieur), elle se dilate (1), tourne une cannelle et laisse couler de l'eau d'un réservoir placé derrière la boîte ; l'eau tombe dans les augets de la roue du moulin et le fait tourner : il cesse de tourner lorsque le degré est convenable, et l'incubation se maintient également bien.

J'ai construit une grande boîte (2) de 2 mètres de

---

(1) J'ai remarqué que l'eau qui restait soumise à l'action de la chaleur pendant quinze jours de suite ne fournissait plus autant de calorique ; il est donc utile de renouveler l'eau dans la proportion d'un tiers environ tous les quinze jours.

(2) Celle-ci peut recevoir un lit complet ; cet appareil, que j'appelle hydrothermaque, est propre à guérir les affections rhumatismales générales et locales.

Je n'ai été guidé dans cette invention par aucune pensée de spéculation ; mon seul but a été de délivrer beaucoup de mes concitoyens d'une maladie si commune dans nos climats. L'on chauffe séparément, long sur 70 de large et 50 de hauteur, ayant de l'eau dans le fond et au pourtour qui sont chauffés par de petites lampes. Soixante bouches de chaleur y sont réparties; elle peut contenir douze cents œufs.

Les deux genres de couvoirs auxquels je me suis arrêté, sont très-simples : l'un a 35 centimètres de long sur 26 de large et 22 de hauteur, et contient vingt-cinq œufs. L'autre a 50 centimètres de long sur 33 de large et 23 de hauteur, et contient cinquante œufs. Tous les deux sont chauffés par une veilleuse consommant 4 centimes d'huile en vingt-quatre heures.

J'ai trois sortes de mèches avec les numéros : un, deux, trois; j'emploie le n° 1 quand la température extérieure est à 12 degrés 1/2 centigr., le n° 2 à 18 degrés, et le n° 3 à 21 degrés, c'est la mèche la plus fine. Je règle ainsi, dans l'intérieur du couvoir, la chaleur à 40 degrés centigrades, ou 32 degrés Réaumur.

Pour couver cinquante œufs, il faut ordinairement quatre poules, qui ne pondent pas pendant les vingt-un jours de l'incubation et les deux mois qu'elles mettent à élever leurs poussins; il y a donc compensation entre l'huile que l'on brûle et les œufs que l'on a en plus.

J'ai établi une cage (1) que je place sur mon couvoir;

et à des degrés différens, chacun de ses compartimens; ainsi dans l'un la température peut être élevée jusqu'à 38 degrés, l'autre 44 et le troisième jusqu'à 55 degrés.

(1) Par économie, l'on peut substituer à la cage une simple boîte faite de quatre planches clouées, couverte d'un carreau de vitre allant à coulisse, dont le fond est en toile. On la place au-dessus du couvoir; ce fond remplace le couvercle, et cette boîte, d'une dimension absolument égale au couvoir, renferme les poulets qui sont éclos. Ce procédé ne trouble en rien le travail de l'incubation et l'on obtient le même résultat que celui que donne la cage. Comme aussi l'on peut élever les poulets en les laissant dans le couvoir, dont on retire le couvercle en y mettant une mèche n° 3.

sur un des bouts du fond se trouve une ouverture de même dimension que le couvoir, et garnie en dedans d'une toile; au-dessus, un pupitre doublé d'une peau de lapin, où les poussins se fourrent pour se réchauffer et dormir (ce qui leur sert de mère), puis ils vont manger à l'autre bout. Ainsi le couvoir sert en même temps à couver et à élever les poulets.

CHAPITRE II.

Manière de se servir des couvoirs. Observations utiles.

Remplissez le réservoir en introduisant l'eau par le tube, qu'il faut tenir constamment fermé.

Si, par inadvertance, vous placez une mèche trop forte, et que la chaleur dépasse 40 degrés centigrades (ou 32 degrés Réaumur), retirez de l'eau chaude par la cannelle et versez-en de la froide, pour modérer la chaleur, et retirez le couvercle du couvoir pendant cinq minutes.

Remplissez d'eau une petite boîte, que vous placerez dans l'intérieur, contre les parois du couvoir, pour que la vapeur de cette eau se répande sur les œufs et prévienne le dessèchement de l'embryon; mettez au fond du couvoir du foin et un morceau d'étoffe de laine, formant ensemble une épaisseur de deux centimètres, pour isoler du fond les œufs qui ne doivent pas toucher les parois.

Couvrez les œufs avec une autre étoffe de laine double ; donnez de l'air en tout temps : peu, les huit premiers jours, et davantage sur la fin.

Coupez un bouchon de liége en long, au tiers ; laissez le plus gros morceau dans le tuyau situé sur le couvercle ; le quinzième jour, retirez-le, et remplacez-le par l'autre morceau jusqu'au vingtième jour ; retirez alors le tout pour déboucher totalement le tuyau.

Mettez de la bonne huile et une mèche dans la veilleuse et introduisez-la dans le tiroir.

Placez les œufs et le thermomètre sur lequel vous vous guiderez constamment, et qui doit être autant que possible à 40 degrés, plutôt au-dessous qu'au-dessus.

Pour voir éclore un poulet par jour, mettez tous les jours un œuf, en évitant qu'il soit froid, car il tuerait les embryons des œufs voisins. Dans l'hiver, mettez-les de préférence tous ensemble pour ne pas diminuer la chaleur en ouvrant trop souvent le couvoir.

Vingt-quatre heures après que les poussins sont sortis des œufs, retirez-les du couvoir pour les faire passer dans une température moins élevée. Si vous avez mis tous les œufs le même jour, aussitôt la sortie du dernier poulet, laissez-les sur la couverture avec une mèche n° 2, et leur procurez plus d'air, de manière à réduire la chaleur du couvoir à 25 degrés. Quelques jours après, retirez le couvercle et remplacez-le par la cage (ou une boîte).

Évitez que les poussins aient froid aux pattes, ce qui leur occasionnerait la goutte et les ferait périr.

Les premiers jours, donnez-leur à manger un mélange de jaune d'œuf et de pain émietté, ainsi que du millet.

Pour coucher, donnez-leur le pupitre doublé de peau de lapin, dont j'ai parlé plus haut.

Les premiers jours, mettez-leur à boire dans un petit vase à goulot, assez étroit pour qu'ils ne puissent
pas s'y baigner.

CHAPITRE III.

Comment il est possible de faire couver des œufs sans le secours des poules.

J'ai indiqué, dans le chapitre précédent, la manière de se servir de couvoirs, et vous êtes assurés
d'obtenir beaucoup de poussins sans le secours de poules, si vous continuez, avec persévérance, la marche
que j'ai suivie moi-même jusqu'à ce jour.

Placez les œufs dans l'un de ces couvoirs, vous gui-
dant toujours sur le thermomètre, afin que la température intérieure soit, autant que possible, entre 37 et
40 degrés centigrades, ou 30 et 32 degrés Réaumur,
et abandonnez-les pendant quelques jours ; ensuite ,
retournez-les une fois par jour, afin que l'embryon
reçoive la chaleur uniformément.

Du dixième au douzième jour de l'incubation, visi-
tez les œufs à la chandelle et retirez ceux qui sont res-
tés transparens (c'est une preuve qu'ils n'ont aucun
principe vital).

Du premier jusqu'au quatorzième jour de l'incubation, les embryons peuvent résister à une chaleur plus
forte que 40 degrés, ainsi qu'à un refroidissement de
plusieurs degrés.

Trop de chaleur épaissit et diminue la liqueur qui
environne l'embryon , lui ôte sa substance et le fait

périr; et ceux qui viennent à terme restent languis-
sans.

Vers le seizième jour, maintenez la chaleur à 37 degrés seulement, parce que l'embryon est formé en
poussin, et que les œufs, en se touchant, se commu-
niquent réciproquement une chaleur qui augmente
d'intensité. Si vous n'aviez pas égard à cette observation, les poulets périraient infailliblement. C'est le
temps où il faut plus de soin pour leur procurer de
l'air et la chaleur convenables. Du 18e au 21e jour, on
tirera de l'eau du réservoir et l'on trempera les œufs
une fois chaque jour, afin d'aider à la sortie des poussins. Cette eau sera reversée ensuite dans le réservoir
d'où elle a été ôtée.

En été, j'ai fait éclore des œufs à 35 degrés.

Inscrivez exactement la date du jour où vous mettez les œufs à éclore. Une fois éclos, laissez les poussins pendant quelques jours dans le couvoir, en ayant
soin de diminuer le degré de chaleur, et de leur donner plus d'air ; ou mieux, mettez la cage, afin qu'ils
puissent aller se coucher à volonté sous le pupitre,
que le couvoir chauffe continuellement.

On réussit très-bien à faire éclore, par le même procédé, des œufs d'oie, de cane, de dinde, de perdrix
et de faisans (tous ces volatiles mangent seuls, vingt-
quatre heures après la sortie de l'œuf), et l'on peut
également faire couver toutes sortes d'œufs en général.

Il faut vingt-huit et trente jours d'incubation pour
les œufs de cane et d'oie, et vingt-un seulement pour
ceux de poule.

Choisissez toujours des œufs vivifiés par la semence
du mâle. Pour vous assurer si un œuf est bon à faire
couver, examinez-le à la lumière ; plus il y a de vide

au gros bout , plus il est vieux , et, généralement , le grand vide est un très-mauvais signe.

J'ai remarqué que les œufs à pointe longue produisaient presque toujours des coqs. J'ai fait couver des œufs de trois semaines, et d'autres qui sortaient d'être pondus, tous sont bien éclos.

Rejetez les œufs transportés par voiture, car le germe est souvent tué par le cahotage; quelques-uns m'ont cependant réussi, mais j'en perdais les deux tiers.

Les œufs éclosent toujours, soit que vous les placiez sur une des pointes ou sur le côté; mais, sur la fin, laissez-les de préférence sur le côté.

La vapeur qui s'échappe de l'eau contenue dans la petite boîte située dans le couvoir, remplace la sueur de la poule.

Ne mettez rien de gras sur les œufs : l'air serait intercepté.

Aussitôt que vous vous apercevez qu'un œuf est gâté, retirez-le.

Il passe pour constant que le tonnerre fait souvent périr les embryons des œufs couvés par les poules. Moi, je ne le pense pas; car, lorsqu'il tonne, la poule, effrayée du fracas qu'elle entend, éprouve une surabondance de transpiration qui mouille les œufs et étouffe l'embryon, lequel ne peut plus respirer. Souvent aussi, en s'agitant brusquement, elle choque les œufs les uns contre les autres et les fêle.

Parfois on entend le piaulement du poussin dans sa coquille avant qu'il y ait fait la moindre fêlure : preuve évidente que l'air extérieur communique avec l'air intérieur.

J'ai préféré faire couver des œufs dans un couvoir plutôt que sous la poule :

1° Par divertissement ;

2° Afin d'avoir des poulets en tout temps ;

3° Parce que je suis d'avis que la nature doit être aidée dans ses productions, et que notre industrie doit souvent lui arracher ses présens ;

4° Parce que la multiplication des oiseaux domestiques est un avantage des plus importans, puisqu'il procure une quantité d'œufs bien plus considérable, et, par suite, une plus grande abondance de viandes délicates pour la table.

Sur la fin, le poussin, prêt à éclore, sent le besoin que l'air se renouvelle dans sa coquille, et il est prouvé que c'est par le gros bout qu'il inspire et respire.

C'est aussi à cette époque que périssent la plupart des embryons qui ont eu à souffrir du défaut de transpiration occasionné par des vapeurs trop humides et nuisibles, qui ont obstrué les pores de la coquille.

A l'aide des précautions que j'ai indiquées ci-dessus, j'ai réussi dans l'été à faire éclore les deux tiers des œufs que j'ai placés dans mes couvoirs ; et, l'hiver, je n'en obtenais que la moitié, les œufs n'étant pas tous vivifiés en cette saison.

En général, j'ai obtenu plus que les poules, car elles n'amènent guère à bien que le tiers au plus des œufs qu'elles couvent, et, ensuite, étouffent ou écrasent toujours quelques poussins.

CHAPITRE IV.

Naissance des poulets.

A voir la position (1) du poussin dans l'œuf, on ne peut s'empêcher d'admirer les ressources et les combinaisons que déploie la nature.

Le poussin est placé en boule, le cou courbé et appuyé sur le ventre, au milieu duquel la tête se trouve placée; le bec passé sous l'aile droite et dépassant un peu du côté du dos; les pattes ramassées sous le ventre, les doigts recourbés vers le croupion et touchant presque à la tête par leur convexité; sa partie antérieure tournée vers le gros bout de l'œuf, et la partie postérieure vers le petit bout.

La situation du fœtus est rarement différente et le poussin est contenu, dans cette position, par une forte membrane. Le vide se fait constamment par le gros bout, et la tête s'y trouve placée pour faciliter la respiration.

La nature que nous admirons dans toutes ses œuvres, a placé sur le bout du bec du poussin une petite pointe très-fine (ou ergot) qui lui sert à déchirer, par le frottement, la membrane qui tapisse l'intérieur :

(1) L'observation et l'expérience m'ont mis à même de pouvoir préciser la position, dans l'œuf, du poussin prêt à éclore, d'expliquer le mécanisme ingénieux de cette merveilleuse opération de la nature, et d'indiquer la manière d'aider certains poulets qui se dégagent difficilement de leur coquille.

cette pointe disparaît plus tard. Les coups de bec qu'il donne sont assez forts pour être entendus très-distinctement ; et la tête, en agissant, est guidée par l'aile.

Sa tête est très-grosse par rapport au volume du corps ; aussi a-t-il de la peine à la soutenir pendant la première heure.

Quand il bêche, il se fait souvent un petit éclat à l'œuf, plus du côté du gros bout ; on aperçoit la membrane qu'il perce, et alors il piaule et reste souvent ainsi plusieurs heures.

Les uns travaillent continuellement, d'autres prennent des temps de repos : tous n'étant pas également forts, ils ne mettent pas tous le même espace de temps pour leur sortie : les uns l'opèrent dans huit heures, les autres dans dix-huit, et d'autres enfin naissent plus de vingt-quatre heures après que la coquille a paru bêchée. Ceux qui se pressent trop de voir le jour et de briser leur coquille, périssent fréquemment.

Avant de naître, il doit avoir dans le corps une provision de nourriture qui le dispense d'en prendre pendant vingt-quatre heures. J'en ai vu quelques-uns qui mangeaient six heures après ; mais le plus souvent, c'est mauvais signe.

Cette provision consiste dans le jaune de l'œuf qui n'a pas été entièrement absorbé dans le corps du poussin ; s'il sort de sa coquille avant d'avoir pompé ce jaune, il languit et meurt peu de jours après sa naissance.

Il est mouillé à sa sortie et paraît, pour ainsi dire, inanimé ; mais le duvet qui le recouvre, se séchant promptement et se dégageant des petites gaînes où il était renfermé, lui fait bientôt une très-jolie parure.

Quelquefois il faut aider au poussin pour lui sauver la vie. Quand vous vous apercevez qu'il y a plus de vingt-quatre heures qu'il n'a bêché, la liqueur épaisse placée entre la membrane et le corps du poussin, a collé son duvet et l'empêche de tourner sur lui-même pour continuer de fêler et de casser sa coquille; alors n'hésitez pas à le délivrer en levant la coquille avec une épingle. Ainsi dégagé, il finira par sortir; mais ne faites que rarement cette opération, car en le faisant sortir trop tôt, il contracte une maladie qui le fait périr.

Deux années de suite, j'ai fait éclore des œufs en décembre, janvier et février; les poulets sont très-bien venus, quoique étant au cœur de l'hiver, et mes expériences attiraient beaucoup de personnes notables, charmées d'assister à un spectacle aussi instructif qu'amusant.

Depuis trois ans, je ne mets à éclore que des œufs pondus par des poules et vivifiés par des coqs, provenant tous de mes couvoirs; j'en suis actuellement à la troisième génération, et cette récréation a pour moi des charmes toujours nouveaux.

Une fois que j'ai eu reconnu mon procédé infaillible, je n'ai pas hésité un seul instant à faire part au public de ma découverte, en mettant au grand jour ma méthode, mes expériences et mes nombreuses observations.

Je ne veux, pour récompense de mes travaux, que la satisfaction d'avoir été utile à mes concitoyens, en leur procurant une très-grande abondance dans une branche de denrées extrêmement répandue, et d'une consommation quotidienne.

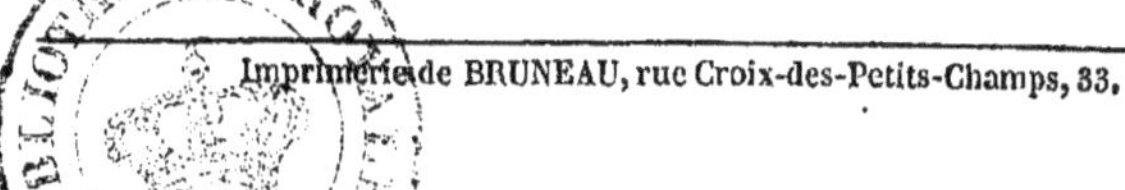

Imprimerie de BRUNEAU, rue Croix-des-Petits-Champs, 33.